Heiko Andre Jastrembski

Bauinformationen, die mehr als Gold wert sein können

Heiko Andre Jastrembski

Bauinformationen, die mehr als Gold wert sein können

Rediroma-Verlag

Bibliografische Information der Deutschen Nationalbibliothek:
Die Deutsche Nationalbibliothek verzeichnet diese Publikation in der Deutschen Nationalbibliografie; detaillierte bibliografische Daten sind im Internet über http://portal.dnb.de abrufbar.

ISBN 978-3-98527-242-6

www.rediroma-verlag.de
19,95 Euro (D)

Inhalt

01 – Einführung – Weshalb sind diese Informationen über Immobilien, Konzepte, Werte, eventuelle Schäden und Einschränkungen für alle Beteiligten wertvoll und obendrein noch sozial- und gemeinnützig?

Wenn Menschen einen großen Teil ihres Vermögens und ihrer Lebenszeit oder auch Lebensarbeitszeit in ein Projekt oder eine Immobilie investieren, dann ist die Prämisse eines jeden, dass sich der Lebensstil durch die Maßnahmen verbessern und nicht verschlechtern wird. Es kann nicht erwartet werden, dass jeder ein Spezialist ist und auf Grund von langjähriger Erfahrung auf Anhieb „Normales“, „Gutes“, und „Böses“ voneinander unterscheiden kann. Selbst für den versierten Fachmann ist es manchmal schwer, alle Sektoren wie Finanzierungen, Vertragslagen, Werthaltigkeiten, Einschränkungen und eventuell Bauschäden im Vorfeld zu durchschauen, um angemessen darauf zu reagieren. Hier kommt oft noch hinzu, dass versteckte Interessengemeinschaften, insbesondere bei Auslandsimmobilien oder durch Privatinvestoren, absichtlich und vorsätzlich falsche Angaben oder Unterlassungen produzieren. Persönliche Vorteile oder nur die der Interessentengemeinschaft stehen hier klar im Vordergrund (siehe auch ein Webseitenvideo/ARD Lifereport). Bei derartigen Konstellationen kann es im extremsten Fall dazu kommen, dass durch diese Fehlkontrolle ganze Existenzen geschädigt oder sogar vernichtet werden. Die meisten Konkurse im Immobiliensektor geschehen durch gefälschte Marktpreise, übersehene Bauschäden, Nutzungseinschränkungen und Ertragsverzerrungen. Auch Maklereigeninteressen sind hier nicht zu vergessen. Wenn wir Ihre Aufmerksamkeit geweckt haben, erklären wir Ihnen gerne weitere Details, auch anhand erlebter Realbeispiele.

02 – Wie sehen wir unsere Tätigkeit als Gebäude- und Immobilienspezialisten

Wir möchten, dass Projekte sowie Bau- und Immobilienangelegenheiten wieder einen guten volkswirtschaftlichen, sozialen und realen Nutzen hervorbringen. Der bekannten Abwertung „Der kleine Mann ist immer der Dumme“ möchten wir durch unsere neutralen Gutachten, Zertifikate (auch international anerkannt), erforderlichenfalls durch Sachwert-, Ertragswert-, Vergleichswertanalysen, Bauschäden, Laboruntersuchungen sowie Langzeitprognosen entschieden entgegen wirken. Unsere Gutachten werden stets neutral und verständlich erstellt. Durch unser System können die benötigten Gutachten und Zertifikate fast zum Eigenkostenpreis erstellt werden (Titel Frühscheck und Warnsystem) und ohne weiteres zu Vollgutachten oder Bauüberwachungen erweitert werden. Da wir keine Makler-, Bau- oder Finanzierungsfirmen vermitteln, können sich unsere Kunden vor allem aber in einem immer sicher sein: „Hier erhalten wir ehrliche und neutrale Bewertungen eines Experten bzw. einer ganzen Expertengruppe.“

03 – Was unterscheidet uns von Händlern und Gutachtern und warum kleine Vorkosten besser sind als große Verluste

Der Hauptunterschied ist die Neutralität und Unabhängigkeit von beeinflussenden Faktoren. Aus Gründen von beeinflussenden Faktoren, z.B. durch Zahlung, werden diese bereits zu zwei Dritteln im Zuge der Expertisenrechnung im Vorfeld gezahlt und es werden auch keine anderen gekoppelten Bau- oder Maklergeschäfte geduldet. Auch interne Weitergaben von Bewertungsdaten oder Zweitschriften an Personen und Institutionen sind nur mit ausdrücklicher Genehmigung des Auftraggebers möglich (Loyalität und Schweigepflicht). Ein ebenso wichtiger Unterschied ist der Datenzugriff auf internationale Verbunddateien sowie extreme Erfahrungswerte zur Bauschadensbewertung und möglichen Crashstufen in Sachen Immobilienkonzepte. Dieses wiederum lässt sich teilweise auch als preiswerte Ferndiagnose durch Basisfaktenanalyse erstellen. Dieser schnelle und preiswerte Basisservice kann auch von Kleininvestoren, z.B. bei Mehrfachbesichtigungen, einfach geleistet werden. Besonders nutzenbringend ist dieses bei Auslandsimmobilien, bei denen wenig Informationen vorliegen oder eine internationale Anerkennung keine Akzeptanz findet. Ebenso bei Erbschaften und Übertragungsgeschäften, in denen Mehr- oder Minderwerte aufgrund von Alterung nicht berücksichtigt wurden. Ein weiterer marktabhebender Vorteil ist, dass Beurteilungsbereiche auch stufenweise erhoben werden können, ohne dass Extrakosten für die Basisdatenerfassung entstehen

Beispiel:
Sie haben Basisdaten und Fotos für eine Objektanalyse eingereicht und bei Erstellung der Analyse fällt auf, dass die Nebengebäude möglicherweise Wellasbesteindeckungen (mit Krebserkrankungsgefahren) haben. Unser Experte informiert Sie umgehend hierüber und auf Ihren Wunsch hin kann eine Laboranalyse zum günstigen Festpreis und eine Wertkorrektur des Objektes vorgenommen werden, ohne die eigentliche Hauptexpertise zu verteuern.

Der Nebeneffekt ist, dass unsere Bewertungen durch die „reale Differenzenabgleichung Mehr- und Minderwerte" für alle Beteiligten für die Verhandlung als neutrales Instrument genutzt werden kann.
Durch eine **internationale Zertifizierung** werden Immobiliengeschäfte sowohl für Käufer als auch Verkäufer sicherer und selbst Differenzen zu ausländischen Werten werden nach internationalen Formeln abgegolten. Auch in Ländern, in denen normale Immobiliengutachten keine Anerkennung finden, ist unsere internationale Zertifizierung hingegen anerkannt und unsere Wertgutachten können, durch entsprechende Bestätigung, Hinterlegung und Erfassung bestimmter Daten auch als **Kapitalguthaben /Kapitalsicherungsgutachten** vorgelegt werden.

04 – Fundamentales Grundwissen + sechs reale Beispiele

A Fundamentales Grundwissen für nicht-Baufachleute

Ein bebautes Grundstück und ein werthaltiges Gebäude mit Grundstück sind eventuell optisch nahezu identisch, doch oft sind diese wert- und nutzungstechnisch nicht vergleichbar.

Warum ist dies so und wo liegen die Ursachen?

Die Beantwortung dieser Frage könnte mehrere Bücher füllen, aus diesem Grund hier nur eine Auswahl der häufigsten und wichtigsten Fakten. Neben Zustand, Land, Baujahr, Lage, Nutzungsdauer und -möglichkeiten, Sachwert, Vermarktbarkeit, Liegenschaftszins, Bewirtschaftungskosten und Ertrag sind auch noch Fakten wie Allmählichkeits -Veränderungen, Differenzen, Bauschäden und Nutzungsänderungen, Grundbuchänderungen insbesondere für selbstnutzende Privatpersonen wichtig.
Da ist es für den Privatmann wirklich schwer die Übersicht zu behalten.
Jedes Gebäude hat einen Herstellungswert. Dieser kann, je nach Land und Region, stark abweichend sein und ist daher oft schwer nachzuvollziehen.
Für alle normalen massiven Gebäude wird ein Gesamtnutzungswert von 100 Jahren zu Grunde gelegt. Für Fertighäuser oder Gebäude, welche in Elementbauweise erstellt wurden, sind es 80 Jahre. Für historische Gebäude

oder Sonderbauten gibt es sogar Extratabellen, mit individuellen Werten. Sollte ein Gebäude über 100 Jahre alt sein (Rechentechnischer 0 Wert), kommen bei verwertbarem Zustand Hebesätze auf den Plan, welche nur von Profis gut nachvollziehbar sind. Daher ergibt sich im Altbausektor ein Zusatzrisiko für den Nichtfachmann, ebenso wie pauschal aufgerufene Sanierungskosten.

Der Erstellungswert ist ein Faktor der Sachwertermittlung (auch abhängig von der zeitlich unterschiedlichen Wirtschaftslage). Neben dem Erstellungswert, spielen auch die Bewirtschaftungskosten in der Bewertung eine nicht unwichtige Rolle. Vorsicht auch bei Kaufpreissammlungen der Gutachterausschüsse. Diese sind teilweise nicht real, da oftmals veraltet. Diese Wertregeln sind nicht konstant und werden hauptsächlich durch drei Fakten verändert:

Faktor A sind Hebesätze nach Bau- und DIN-Normen, welche eine Aufwertung durch Modernisierungen oder Verbesserungen darstellen

Faktor B sind Abwertungen durch Bauschäden oder fehlende Modernisierungsanpassungen Faktor C ist die sich verändernde Restnutzungsdauer

Wir halten uns daher vorzugweise an den Vergleichs – und Ertragswert. Dieser setzt sich

wiederum aus einer Kaufpreis- und Datensammlung der Region, sowie internationalen Listen und

Regelwerken zusammen. Fazit – Jedes Objekt sollte nachgerechnet und nach Möglichkeit

Zertifiziert sein, denn wenn sich der Mensch nur auf den Prospekt verlässt kann es zu großen finanziellen Schäden bis hin zur Existenzgefährdung kommen. (Hier verweisen wir auf die Scheckliste 09 c Tipps für den Nicht-Baufachmann)

SO NICHT !
www.absystemworks.com
NEUES KONZEPT
AB FRÜHWARN SYSTEM

SICHERN -STATT WARTEN
www.ab systemworks.com
INTERNATIONAL

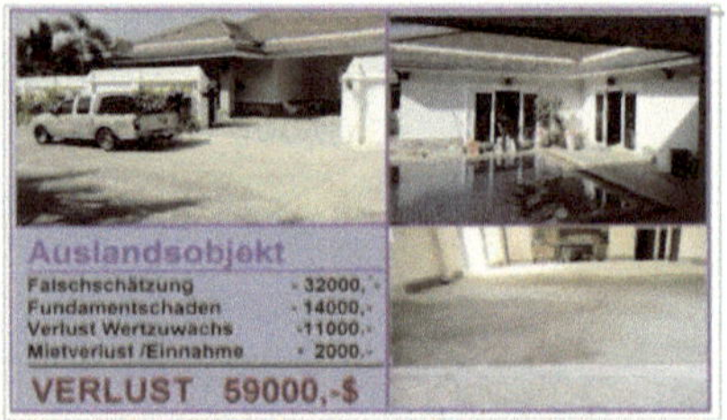
Auslandsobjekt
Falschschätzung - 32000,-
Fundamentschaden - 14000,-
Verlust Wertzuwachs -11000,-
Mietverlust /Einnahme - 2000,-
VERLUST 59000,-$

Immobilien Fehlinformationen
INTERNATIONAL
Sofortverlust 132.000.- EURO
KAUFPREIS 600 000.-
REALWERT 468.000,-
VERLUST 132.000.-
+/- Baumangel Eingang /5 Jahre kein Wertzuwachs /zuviel Makler/zuviel Grunderwerbssteuer /zuviel Notarskosten

Kleine Ursache großer Schaden
REPAIR COSTS 72000,00 $
SMALL CAUSE - GREAT HARM

320000.-E.
282.000.-

OFFICEANLAGE

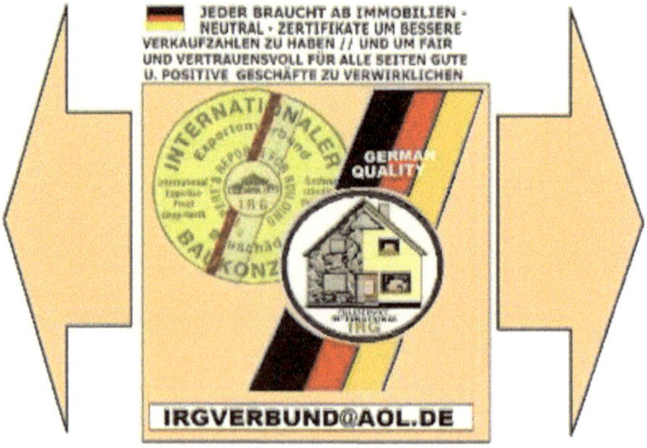
JEDER BRAUCHT AB IMMOBILIEN - NEUTRAL - ZERTIFIKATE UM BESSERE VERKAUFZAHLEN ZU HABEN // UND UM FAIR UND VERTRAUENSVOLL FÜR ALLE SEITEN GUTE U. POSITIVE GESCHÄFTE ZU VERWIRKLICHEN
INTERNATIONALER
GERMAN QUALITY
IRGVERBUND@AOL.DE

05 – Der enorme Nutzen unserer Tätigkeit und Vorgehensweise für Nichtfachleute.

1. Sie prüfen die Angaben des Verkäufers oder Maklers indem Sie die Quadratmeter anhand der Bauzeichnungen und des Grundstückswert nachrechnen. Dann prüfen Sie den angegebenen Kaufpreis mit umliegenden Objekten oder Sie kontaktieren uns, um den reellen Kaufpreis zu erfahren. Wir können Ihnen mündlich über unsere Clubkarte (mindestens 218 EUR) oder schriftlich durch das KGU-Kleingutachten (Preis: 360 Euro) Auskunft geben.

2. Bei der Objektbegehung sollten Sie alle Räume und Zugänge betreten und Auffälligkeiten sofort notieren. Bei digitalen oder verfilmten Objektangeboten muss der Tag der Aufnahme angegeben sein und vom Anbieter eine Haftungsübernahme garantiert werden, sollten das angebotene Volumen oder die Darstellungen des Objektes zwischen Zusage und Übergabe nicht mehr aktuell sein oder sich zwischenzeitlich verändert haben. – Die Haftungsübernahme ist sehr

wichtig, da sich bei Bewertungen alles auf einen Stichtag (Datum der Bewertung) bezieht und etwaige Änderungen außerhalb dieses Zeitraumes nicht erfasst und somit auch nicht abgesichert sind.
Beispiel 1: Sie erwerben eine Immobilie und gehen davon aus, dass die nicht fest verbaute Ausstattung inklusive ist, doch bei Übernahme ist die Immobilie leer.
Beispiel 2: Ein LKW fährt in die Immobilie. Der Schaden ist zwar durch eine Versicherung abgedeckt und die Schäden werden repariert, aber durch die nun sichtbare Reparatur entsteht eine Wertminderung.
Beide Fälle zeigen deutlich, dass es wichtig ist, dass jemand haftbar ist, falls sich bis zur Übergabe etwas verändert.

3. Der Preis hat keine Bindung – Er ist nicht an staatliche Organisationen, Wertgutachten, Erstellereinschätzungen, Bauträger, Emotionen und am wenigsten an Maklerangaben gebunden. Diese Preisangaben sind meistens überzogen. Sie können mit folgender Faustformel den möglichen Spielraum beim Kaufpreis prüfen:
   Objektwert ÷ Kaufkosten = Preisspielraum in %
   (Bsp.: Objektwert 200.000 Euro / Kaufkosten 12.000 Euro = 16,666
   Sie könnten also nach 15 % Kaufpreisnachlass und Teilung der Kaufkosten fragen)
   In fast 90% aller Verhandlungen bringt dieses mindestens 10 % Nachlass, also 20.000 Euro. Bei den

angegebenen Verkaufspreisen ist dieser Spielraum üblicherweise bereits mit einkalkuliert. Sollten Sie in Betracht ziehen, den Kaufpreis noch mehr reduzieren zu wollen, insbesondere auf Vergleichswertebene, z.B. auf Grund von Bauschäden, nicht eingehaltener Absprachen oder in Berücksichtigung des Realpreises, übernehmen wir dies gerne als versierter Spezialist für Sie. Doch Vorsicht: Bei realen Immobilienschnäppchen ist das Objekt schnell „WEG“

4. Ein weiterer Vorteil für einen marktkonformen Immobilieneinkauf ist, dass auch Sie die Zukunftswerte der Immobilie ohne Probleme kalkulieren können und möglichen Verlusten durch z.B. Falscheinschätzung durch Gerichte (Scheidung/Erbschaftssteuer), Verluste beim Verkauf wegen überzogenem Einkaufspreis, entgegenwirken können. Die Chancen für einen gute Wiederverkauf oder evtl. notwendige Nachfinanzierung für Reparaturen oder Umbauten werden durch das KGU 360 gesteigert. Deshalb schnell die 24 Stunden Schnellanfrage (KGU 360) bei uns starten.

5. Sie prüfen den Kaufvertrag selbst oder lassen diesen durch einen Anwalt Ihres Vertrauens prüfen. Folgende Kriterien sollten erfüllt sein: Die Besitzverhältnisse sind langfristig gesichert – Nutzungseinschränkungen sind geklärt – Der Preis ist dem Objekt angepasst.

* Hinweis:

A+B SELF INFORMATION NEUTRAL CERTIFICATE

kurz – schnell – preiswert – prägnant – neutral

KGU 360* auch international jeder Zeit erweiterungsfähig und extrem wichtig kaufmännische, bautechnische und flexible Analyse

06 – Der enorme Nutzen unserer Tätigkeit und Vorgehensweise für Fachleute, Bauträger, Immobilienverkäufer u. Investoren

Die Werte bzw. Preise von Baukonzepten und Immobilien sind sehr umstritten, auch wenn es sich um ausführliche und katalogisierte Broschüren von neutralen Experten handelt. Interessengemeinschaften zwischen Anbietern, Banken, Erstellern, Versicherungen und Zwischenhändlern werden von Kunden immer wieder negativ gewertet. Anstatt dem Interessenten ein gutes Gefühl wie „alles aus einer Hand " zu vermitteln, wird das Vertrauen nachhaltig zerstört und in Frage gestellt. Insbesondere im Gebrauchtimmobilienbereich sind Objekte mit Minder- oder Mehrwerten, variablen Faktoren, Bauschäden, als Auslandsimmobilien, Anlageimmobilien und internationale Bewertungen als Sonderkapital im Ausland als Schwierigkeit zu betrachten und führen zu Verunsicherung.

1. Der enorme Vorteil für die Fachbranche muss sein, ehrlich behaupten zu können, dass es sich bei dem vorgelegten Zertifikat, um eine neutrale Bewertung handelt, welche ohne Verknüpfungen und Vorteile der einzelnen Interessenbereiche erstellt wurde. Die Erstellung unserer Zertifikate unterliegt globalen Maßregeln und Berechnungstabellen eines überregionalen und internationalen Verbandes, welcher keine Geschäftsbeziehung zu den beauftragten

Unternehmen unterhält, sowie nicht im Immobilienvertrieb tätig ist und daher absolut neutral bewerten kann.

2. In unserem Extraservice können Basisaufträge durch Sonderrubriken wie beispielsweise spezielle Saniermethoden, Preise für Bauschadensregulierungen, Nässe- und Giftstoffsanierungen, Schimmel-, Asbest-, Termiten-, Bakterienbekämpfungen pauschal uund nach Fotobericht angefragt werden.

3. In vielen europäischen, amerikanischen und asiatischen Ländern macht die Wertstellung von Grundstücken, Gebäuden und Immobilien, insbesondere die internationale Anerkennung, Probleme und diese werden sofort als „NICHT ZU WERTEN“ gekennzeichnet. Unser Zertifizierungsverfahren macht es möglich, jedes Gebäude (Patent) auf dieser Welt finanziell neutral zu bewerten. Dies ist vor allem durch unser Netzwerk internationaler Verbundpartner zu gewährleisten. Unsere Zertifizierung ist durch jeden Richter dieser Welt als klares und verständliches Investment nachzuvollziehen (Kapitalsicherungsverfahren)

4. Die Wahrung der Loyalität hat oberste Priorität. Sollte eine Beauftragung zustande gekommen sein, wird diese selbstverständlich nicht an Dritte übermittelt. Auch dann nicht, wenn hierdurch negative Auswirkungen entstehen können. Auch werden niemals zwei

gegensätzliche Interessenten vertreten. Wir arbeiten konform zu europäischen Notaren und Rechtanwälten. Beispiel: Sie beauftragen uns als spanischer Bauträger mit der Bewertung Ihrer sechs Ferienwohnungen, um einen europäischen Realwert zu erhalten. Wir ermitteln einen Realwert von 82.000 Euro als Verkehrswert. Sie erstellen daraufhin einen Prospekt, in dem die Immobilie für 122.000 Euro angeboten wird. Erhalten wir Anfragen von Interessenten, verweisen wir auf unsere Schweigepflicht. Nur Sie als Auftraggeber können uns durch eine klardefinierte Erlaubnis, z.B. gegenüber Behörden, entbinden.

5. Ein weiterer enormer Vorteil ist, dass unsere Zertifikate (auch das kleine KGU 360) bereits die Gleichstellung darstellen, welche am Markt benötigt wird. Sie als Verkäufer oder Vermittler, erhalten hierdurch bereits das volle Vertrauen Ihres gesamten Umfeldes. Auch auf internationaler Ebene.

07 – Was auch noch weiterhelfen könnte

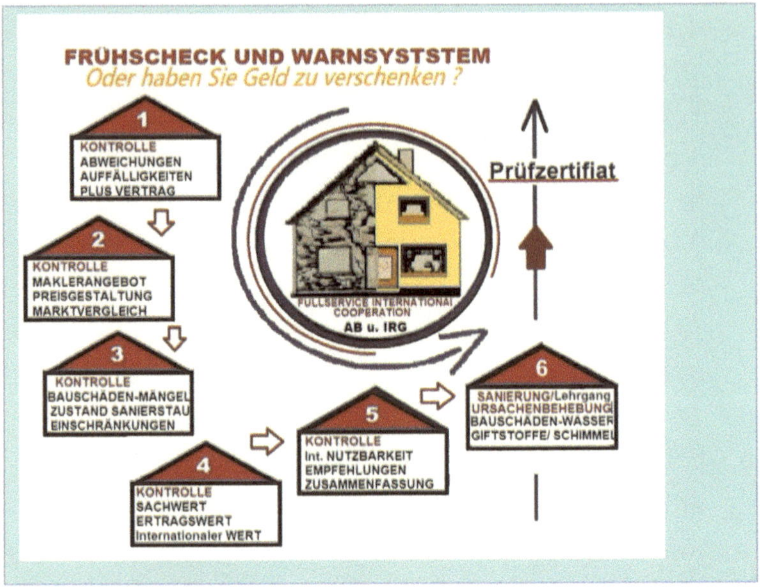

*Hinweis : Das könnte Sie auch noch interessieren

01 Vollkommene Sicherheit durch Vollgutachten

02 AB Certificate Serie preiswert- kurz- vertrauensvoll

03 KGU Klein – **Expertisen** – immer schön die Übersicht behalten

04 Kostenlose Seminare – Niederlande-Asien-Germany

05 Individuelle Specialrepairsets – Bauschäden u. Versandt

06 Sanierungen u. Messungen, Test, Sonderbauschäden – Nur im Sonderfall

08 – Checkliste für Immobilieninteressenten - / Allgemeine Theorie

Checkliste für Standard-Immobilien Form 228/21

Jeder Hauskauf oder Immobilienerwerb will gut überlegt sein und erfordert eine sorgfältige Planung sowie Vorbereitung. Wir möchten Ihnen mit dieser Checkliste einen kleinen Leitfaden an die Hand geben, welcher es Ihnen ermöglicht, eine einfachere Bewertung der Immobilie vornehmen zu können. Welche wichtigen Fragen Sie an den Verkäufer stellen sollten, welche Auskünfte wichtig und welche Aspekte zu berücksichtigen sind, haben wir nachfolgend einmal für Sie zusammengefasst. Zeitgleich lässt sich die Checkliste nicht nur als Notiz für Profis sondern auch insbesondere als Liste für die Eigenbedarfskontrolle von Laien nutzen .

Checkliste zu den Eckdaten:

1. Baujahr
2. Grundriss
3. Wohnfläche und Nutzfläche
4. Einbauten (Kamin, Rollläden, etc.)
5. Garagen oder Carports
6. Baubeschreibung (Substanz, Keller etc.)
7. Grundbuchauszug
8. Energieausweis

9. Teilungserklärung
10. Grundbuchauszug

Checkliste mit Fragen an den Eigentümer

1. Wann wurden welche **Modernisierungen** durchgeführt?
2. Sind Bauschäden und Mängel bekannt?
3. Gab es größere Wasser- oder Schimmelschäden?
4. Wurde an Bauschäden oder Mängelbeseitigungen kürzlich gearbeitet?
5. Welche variablen Umstände; wie beispielsweise Baugrundabsackungen, Ansprüche für Straßen- oder Versorger- und Entsorgerplanungen, Anträge auf Denkmalschutz sind zu erwarten oder bereits angekündigt ?
6. Verwendung **schadstoffhaltiger Materialien**?
7. Altbau: **Vorbesitzer** und **Historie** des Hauses?
8. **Wirtschaftliche Daten: Alle Arten von Nebenkosten sowie zusätzliche Unterhaltungskosten, laufende Wartungskosten, Erträge (z.B. Solar**/Miete)?
9. **Grundsteuern** oder andere Kosten wie Bestandsschutz (Bäume, Pflanzen), **Denkmalschutz**, Städteplanungen mit Umlagen auf Einzeleigentümer
10. Welchen **Notar** für den **Kaufvertrag** anfragen?

Checkliste mit Fragen an das Bauamt:

1. Gibt es eingetragene **Baulasten**?
2. **Neubauten** in der Nähe geplant oder genehmigt?
3. **Gibt es Straßensanierungspläne?** Zu welchen Beiträgen ?

➔ **(Tipp: ist kein oder ein desolater Gehweg oder Straßenbelag vorhanden immer beim Bauamt nachfragen)**

4. Altbau: **Denkmalschutzauflagen** oder **Milieuschutz**?
5. Gibt es Vermutungen auf Baulasten bzw. Grundstückskontaminierungen

Checkliste zur Lage:

- **Infrastruktur:** Kita, Schulen, Freizeiteinrichtungen und Einkaufsmöglichkeiten in der Nähe?
- **Verkehrsanbindungen:** ÖPNV (Busse und Bahnen), Straßenkategorie (evtl. nächste Autobahnzufahrt?)
- Passt das nachbarschaftliche **Umfeld**? (vorab spazieren fahren oder Nachbarn fragen)
- Gibt es Lärmquellen oder zeitlich bedingte Belästigungen?

Checkliste zum Gebäude:

- **Allgemein:** Gibt es Kenntnisse über Bauschäden oder Mängel?
- **Dach:** Form und Zustand, Dämmung? Gibt es Flachdachbereiche, die Schäden hatten?
- **Decken:** Art und Höhe? Eventuelle Schrägenabzüge ?

- Wasser: Wie funktioniert die Warmwasserversorgung? Wie funktioniert die Verbrauchsmessung? Sind die Entwässerungsvorschriften eingehalten?
- Sanitäreinrichtung und Ausstattung: Zustand, Materialien?
- Küche: technische Ausstattung, Zustand, Materialien?
- Fenster: Welche Art der Verglasung (Lärmschutz, Energie)? Wie alt sind die Fenster?
- Fassade: Welcher Art ist sie? Welchen optischen Eindruck macht die Fassadeansicht
- insgesamt?
- Fassade: Welche Mängel hat die Fassade möglicherweise oder offensichtlich?
  Tipp: Bei Klinkersteinen: Gibt es Risse in Fugen oder Steinen? Bei Strukturputzen: Gibt es Abschälungen, dunkle Flecke oder Beulen? Bei Fassadenbeschichtungen oder Anstrichen: Gibt es Risse, Verfärbungen, grünen oder schwarzen Spak
- Dämmung: Wie ist sie ausgeführt?
- Energieverbrauch:Welche Energiewerte liegen vor? (z.B.: Verbrauchsaufzeichnungen des Nutzers oder einen Energiepass)
- Stromversorgung: Welcher Zustand? Wie alt sind die Leitungen und Unterverteilungen etc.?
- Haustechnik: Belüftungssysteme, Steuerungstechnik?
- Heizung: Art, Zustand und Alter?
- Fußböden: Welcher Art und wo sind eventuell Mängel? Gibt es eine Trittschalldämmung?

- Raumaufteilung: Gibt es „gefangene“ Räume? Gibt es Durchgangszimmer?
- Balkone und Terrassen: Vorhanden? Wie viele? Zustand der Beläge?
- Stauräume: Gibt es genug und wie erreichbar?
- Dachböden: Wie genutzt oder nutzbar, Zugänge?
- Keller: Ausstattung, Zustand, Größe, Zugänge?
- Lässt das Gebäude Ausbaureserven vermuten? Beispielsweise Dachböden / An- und Nebenbauten – Kelleretagen, Terrassenvorbauten als Erweiterungsflächen
- Brandschutz: Existieren Sonderauflagen für Privatnutzer wie beispielweise in besonderen Gefahrenzonen oder bei Strohbedachungen?

Gewerbe, weitere Fragestellungen

1. **Büro und Praxis**
2. **Hallenflächen**
3. **Einzelhandel**
4. **Gastronomieflächen**
5. **Büro auf Zeit**
6. **Office im Ausland**
7. **Wie ist das Preisleistungsverhältnis begründet?**
8. **Gibt es im Vertrag Sonderklauseln?**
9. **Brandschutz : Auflagen erfüllt, Feuerlöscher, Rettungswege etc.?**

INTERNATIONAL REPORT GROUP
projekt 22@aol.de
IRG

09 – Bauschäden

Zum Thema Baumängel / Bauschäden und den oft damit verbundenen Bauprozess-Entscheidungen wären sicherlich einige komplette Bücher zu schreiben. Da der Hauptfokus unserer Tätigkeit auch auf dem Bereich Spezialbauschaden liegt und wir uns in nicht eindeutigen Fällen auf Fachlabore verlassen, dürfen Sie aber sicher sein, dass hier und mit unseren Folgelisten die häufigsten Fälle erfasst sind und auch schon einfache Überprüfungen oftmals ausreichend sind, um später einen Verdacht zu untersuchen. Hierfür benutzen Sie bitte die Leitfäden und die von uns beigefügten Listen

Bauschäden sind insbesondere für den nicht Sachkundigen eine üble Sache, die sogar zu einem Ruin und dem wirtschaftlichen Totalverlust führen können, weil diese je nach Ausmaß und möglichen Zweitfolgen schwer einzuschätzen sind und daher zu extremen Kosten sowie in seltenen Fälle sogar zum Komplettabbruch führen können.

Welche Arten von Schäden und Mängeln gibt es?

1. Der harmloseste ist der allgemeine Reparaturstau, weil hier sichtbare Nutzungserscheinungen und die Veralterungen gut erkennbar sind.
2. Versteckte Mängel und. Schäden sowie arglistig verschwiegene. Hier stellt sich als erstes die Frage, warum diese nicht offengelegt wurden. Eventuell extremer Preisverfall, eine statische Gefahr, Kontaminierungen, die schwierig zu beseitigen sind,

Schimmelbefall in Gebäude-Hohlräumen, Baukosten, die schlecht einzuschätzen sind.
3. Fundmentale Schaden bzw. durch Dauerbefeuchtung oder zuvor begangene Baufehler
4. wirkliche Unwissenheit.

Hier nur einige Beispiele aus der Praxis, in die unser Team in der Vergangenheit direkt involviert war, wobei auch die Preise Realpreise waren. Also achten Sie bitte auf ähnliche Verdachtsmomente und ziehen Sie ggf. einen Fachmann hinzu.

Augsburg Gebäuderestwert 1.2 Millionen Euro – Fundamente ohne ausreichende Tragkraft bedingt durch Alterswertverlust und Falschsanierversuche. Kosten/Verlust: ca 1.200.000 // Sanierversuch 22.000 Euro, 4200 Euro Kosten für Statiker.
Hamburg Gebäudewert 720.000,- Euro / 2 Wohneinheiten von Makler – Versteckte Schäden in Hohlräume Fermazellverkleidungen, Dach- Wohnraum- u. Fundametkellerbereich, zusätzlich nasses Kellerfundament, Sanierkosten komplett 160.000 Euro
Bremen Gebäudewert 920.000 Euro, Altstadthaus – Überhöhte Architekteneinschätzung sowie Hohlräume und beschädigtes Fundament, Straßenbauamt, Schaden: 110.000 Euro
Berlin Einfamilienhaus, Gebäudewert: 485.000 Euro – Fast Neubau vier Jahre alt // Schäden Heizungsanlage, Fenster, Türen/ Schimmelpilz und Falschsanierung, dazu

Kontaminierung mit gifthaltiger Holzlasur für Innenholzdecken // Sanierkosten, Schäden ca 60.000 Euro
Bangkok Gebäudewert 315.000 Euro (ca. 12 Mio/B) Flachdachschäden, Fundamentzersetzungen –Dauernässe – Schimmelpilz //Schadenssanierung 22.000 Euro

Also bitte nicht unterschätzen, dass Sie Bauschäden und Mängeln immer eine hohe Beachtung schenken sollten, wenn Auffälligkeiten oder Schnellsaniereingriffe auftauchen, die nicht gleich erklärt werden können, oder wenn Preise nicht wirklich erkannt werden. Dann immer Kontakt zu uns oder anderem Experten aufnehmen.

10 – Auslandsobjekte / Auslandskonzepte

Es ist grundsätzlich zu beachten, dass in anderen Ländern (vor allem außerhalb Europas) andere Gesetze und Regelungen gelten können. Hierdurch kann es bei Geschäftsaktivitäten, Gewerbevorhaben, Immobilienver- und -ankäufen zu fatalen Verlusten und Differenzen im Vergleich mit heimischen Abwicklungen kommen.

Einige globale und grundlegende Tipps:

1. Bei Immobilienkäufen ist es sehr wichtig, den realistischen Wert zuermitteln. Hierfür stehen Ihnen folgende Möglichkeiten zur Verfügung:
    a. Sie investieren einige Tage und etwas Zeit und fragen im unmittelbarem Umfeld nach Mietwerten, Verkaufspreisen und eventuellen Besonderheiten.
    b. Sie beauftragen einen neutralen Rechtsanwalt mit einer Recherche. Dieser sollte in der nahen Vergangenheit nicht mit dem Objekt in Verbindung gestanden haben.
    c. Sie wenden sich an uns. Wir recherchieren die vorhandenen Regionalangaben und berechnen unter Berücksichtigung internationaler Wertlisten von unserem Hauptverband den realistischen Wert. Unser Hauptverband verfügt weltweit über neutrale Abwicklungsmethoden und Vergleichswertlisten zur Faktenermittlung.

2. Es ist von entscheidender Bedeutung, ob Sie in diesem Land Eigentümer werden können und welche Vor- und Nachteile sich hieraus ergeben. Ebenso welche Seiteneinflüsse das Vorhaben langfristig beeinflussen könnte.
   Hier einige Beispiele:
   a. In einigen Ländern können Sie Immobilien nur über eine vorher zu gründende Verwaltungsfirma erwerben.
   b. In einigen Ländern ist es nicht möglich, direkter Eigentümer von Einzelobjekten zu werden. Dies ist unter anderem dadurch bemerkbar, dass Ihr Name nie in Alleinstellung in relevanten Unterlagen erscheint.
   c. Es gibt Länder, in denen alles nach einer Kaufaktion aussieht, Sie hier aber nur das Erbpachtrecht auf 99 Jahre erwerben (Prüfung nur durch Kontrollanwalt möglich).
   d. Sie können die Immobilie nur über eine Heirat mit einer/einem Einheimischen oder deren Familie erwerben (Wir möchten hier vor der vermeintlich „großen Liebe“ warnen)
   e. Sie erwerben ein eigenes Teileigentum von einem Großareal (z.B. Condomenio-Anlage oder als Firmenanteile)
   f. Die beste Methode wäre, mittels einem Notar / im Landamt / Grundbuchamt / Staatsamt, den Kauf zu 100 % auf Ihren Namen eintragen zu lassen und dies durch eine Urkunde entspre-

chend offiziell bestätigen zu lassen. Leider ist dies nicht immer im Ausland möglich.

Tipp: Liegt Ihnen eine klare Projekt- oder Objektbeschreibung vor, in der auch mögliche zusätzliche Unterhalts- und Nebenkosten erwähnt werden (z.B. bei Seniorenprojekten-Kosten der Service- u. Pflegestufen in den Folgejahren), sollte der Vertragsentwurf durch einen Notar oder jemandem mit gleicher Stellung als zwingende Notwendigkeit perfekt in Ihre Landessprache übersetzt und später beglaubigt werden. Jede Zahlung ist unter Verwendungsangabe mit Quittung, Rechnung und Namen des Gebers zu versehen. Üblicherweise und insbesondere bei Anzahlungen ist es in vielen Ländern üblich, beide Pässe zu kopieren.

Die Geldwäscheauflagen eines jeden Landes können stark unterschiedlich sein. Sie können uns hierzu gerne anrufen und wir teilen Ihnen diese, immer nach Rücksprache mit den zuständigen Zollstellen, mit. An dieser Stellen können wir und ein unbefangener Rechtskundiger mehr für Sie bewirken. Bitte haben Sie Verständnis dafür, dass wir solche Anfragen erst nach Auftragserteilung und Sichtung der Unterlagen sowie aktueller Bilddokumente vornehmen können. Die Unterschiede und Variationen der Angebotsofferten sind vielfältig. Ein weiterer, aber eher seltener Faktor ist, wenn sich durch irgendwelche Umstände die Gesetzeslage eines Landes ändert. Hiergegen gibt es leider noch keine Absicherung.

IMMOBILIEN - KONZEPT - WERT - SCHÄDEN
www.ab systemworks.com
INTERNATIONAL
—WAS UNSEREN KUNDEN NICHT PASSIEREN KANN—
Fehler bei
Bauschäden-Mängel übersehen
Immobilien Fehlinformationen
Betrogen im Alter Einschätzungfehler
Geldwäsche Verdacht Falschdeklaration
Fehlinvestition Ausland
www.ab systemworks.com
IRG SPEZIAL EXPERTISEN
SCHUTZ Angel
Wertanalyse Kontrolle
Schadstoffkontrolle
Giftstoffe- Asbest- Schimmel
Bauschäden/ Mängel / Risse
Dachbereich - Fundamente
Feuchtigkeitsmessung
IRG WERTSCHUTZVERBUND
RISIKO
BLITZSERVICE
015770060 408
WELTWEIT EIN BRISANTES THEMA

11 – Sonderwertabzüge durch Spezialbauschäden , gesundheitsschädliche Stoffe u. Verseuchungen

Grundsätzlich ist es hier so, dass Nutzer oder Interessenten zwar erste Anzeichen wie Geruch, Verfärbungen, Auswirkungen (wie z.B. Kopfschmerzen) und Zerstörungen wahrnehmen können, doch letztendlich können konkrete Bestimmungen zu Handlungsbedarf, Wertabschläge, Saniermethoden und Sanierkosten nur durch Fachkundige bestimmt werden.
Wir bedienen uns da zusätzlich zu dem eigenem Wissen und Erkenntnissen dem von Laboren und Materialprüfungsanstalten, Ärtzteerfahrungen, Einzelfachspezialisten und internationalen Bauschadensinstituten.
Geprüft wird die Auswahl möglicher Vorkommnisse von Asbestvorkommen, Schimmelpilz-Bakterien-Viren, Dauernässeschäden und -folgen, allgemeine Fundamentschäden und Auswirkungen, HausschwammGiftstoffen in Baumaterialien und Beschichtungen, Pestiziden wie Insektengifte, organischen Befalls durch Holzschädlinge und Termiten und andere Zersetzungs- und Verfallschäden.

BESSER IST FRÜHERKENNUNG !

Stempel Bauleitung
Sachkundiger
HEIKO JASTREMSKI
BREMEN
Freier Gutachter
Fachwerksanierung
Durch frühzeitiges Handeln
Großsanierungen vermeiden

LABORAUFNAHME
ST-LABOR 561

12 – Zusammenfassung, Schlussempfehlung und Kontaktdaten

Wir hoffen, Ihnen mit diesem Buch geholfen zu haben, um einen besseren Eindruck und Verständnis zu bekommen. Vertrauen dürfen Sie uns, weil unser Team durch jahrzehntelange Erfahrungen besten Beratungsservice für In- und Auslandaktionen zum Vorteil unserer Mandanten erbringen konnte. Bitte bedenken Sie, sollten Sie hiermit oder durch eine unserer Kleinexpertisen aufgenommenen Sonderkenntnisse auch nur einen erheblichen Fehler vermieden haben , hat sich der Kontakt zu uns hundertmal, wenn nicht sogar tausendfach zu Ihrem Vorteil gerechnet.

Bitte vergessen Sie nicht, dass die genannten Checklisten Ihnen einen professionellen Überblick verschaffen können. Am besten ist es, immer die passende dabei zu haben bei einer Aktion.

Bitte besuchen Sie auch unsere Homepage: **www.absystemworks.com**

RH Jastzremski Ag. 4
IRG VERBUND LTD
Jollenstraße 19
28779 Bremen / Germany
Email: Irgverbund@aol.de
www.absystemworks.com
UST ID-- DE 326584701

Kundenmeinungen

*AB u. IRG FRÜHWARNSYSTEM****
Fernanalysen? (Oder was diese schon bewirken konnten !)

Walter Ottermann aus Dortmund: aufgrund Ihrer Kontroll- Bewertung (Kontra Deutsche Bank) konnte ich vor Einkauf Ihr (IRG Vollgutachten 1280 Euro) diese Erkenntnisse brachten mit wegen der Bauschäden und Überbewertung am Gebäude einen Einkaufsvorteil von genau 120000 Euro. Werde mich zusätzlich mit zahlreichen Weiterempfehlungen bedanken.

Johny Pitts Manchester /Trafford // Certificate of Conformity: Supersache Maklerunterlage,2 Dokumente ,12 Fotos u. eine Probe verschickt / Ergebnis erhalten nachverhandelt 28000 Pfund Sterling eingespart / Thank you

Betina und Norbert, Bremen (Hauskauf): Wir haben uns 9 Häuser der Region angesehen und hatten Aufgrund der AB Clubkarte (216 Euro) den Vorteil noch am Abend eine neutrale Sofortauskunft zu erhalten und haben nebenbei noch zwei betrügerische Makler enttarnt obwohl wir keine Fachkenntnisse besaßen. Besten Dank hierfür an Ihr Team.

Adler Hausverwaltung Hamburg: Die allseitig kostenlos angebotenen Bewertungen taugen nichts weil diese voll mit Interessenverbindungen, versteckten Kosten, Vertragsbindungen, Telefonterror und Adressweitergaben sind. Diese selbsterlebte Erkenntnis hat uns zu Dauerkunden für ihr Unternehmen gemacht. Bitte nie den neutralen Kurs ändern – Eberhard Meyer

Thomas aus Oldenburg, Westfalen: schreibt (KGU Kleingutachten 360 Euro) : Ich finde es toll dass es diesen preiswerten Service als Fernanalyse gibt, besonders hat mir gefallen das es neutral ist und man keine lästigen Maklerbewerter als „Dauernervensäge" auszuhalten hat die einen immer wieder etwas verkaufen wollen.

Friedhelm Kastens, Hamburg: Bergedorf Ein Gericht im Hamburg bewertete meine Erbschafts- Steuer nach einer Standardtabelle ohne die Kosten für die Bauschadenssanierung zu berücksichtigen. Durch ihr Spezialgutachten mit Realkostenerwartungen konnte ich genau 48300,50 Euro einsparen.

Diamond Property Pattaya /Thailand: Unser Verkaufserfolg hat sich durch die Fernkontrollanalyse IRG International Report Group um 27 % gesteigert, da der Interessen durch das Certificate of Conformity (240 Euro) , durch deutschen Gutachter das Kundenvertrauen erheblich erhöht hat.

Dorthe aus Augsburg (KGU): Da ich als Leihe nicht über das Fachwissen verfüge habe ich, zur Entscheidungsfindung , 6 Kleingutachten für Insgesamt 2160

Euro, bestellt, dieses Geld hat sich sehr gut bezahlt gemacht , denn durch die hieraus entstehenden Erkenntnisse habe ich zwei Schrottimmobilien nicht gekauft und bei meinem Einkauf einen Betrag von 62000 Euro eingespart. Danke für Ihre Hilfe.

Erik Schmith / Kalifornien: Vielen Dank für Ihr KGU 360. Durch Ihre Gebäudebewertung und auch Proben- und Foto-Auswertung meines Kaufvorhabens eines 5 Familien- Hauses in Santa Monica/Los Angeles konnte ich einen Kapitalschaden von 760 000 $ US Dollar vermeiden.

Hanno Bergmann, Korat / Nakon Ratchasima – Berlin: Danke für Ihre Hilfe , es hat mich aus einer bedrohlichen Situation gerettet. Die Immigrationspolizei und ein Dt. Gericht wollten meine Immobilienwerte nicht anerkennen und daher auch kein Visa geben. Nach meiner Scheidung gab es zwei Probleme A Die Anerkennung meiner Rente in Form von Mieteinnahmen Deutschland und B Die Anrechnung meines Sonderkapitals in Thailand. Ihre Lösungen haben mir geholfen A Der Nachweis meiner Einnahmen durch Vermietungen B Durch die Hinterlegung einer Internationalen Expertise für mein Sonderkapital im Ausland und zusätzlich noch die Beurteilung zum Herkunftsnachweis als Schutz vor einer Geldwäscheanklage durch meine Exfrau. Vielen Dank hierfür und den geringen Preis.